Visita www.gaiagauge.com

# La fantástica aventura de Droplet

## un viaje por el ciclo del agua

Droplet era una pequeña gota de agua, redonda y brillante.

Vivía con miles de otras gotas
de agua dentro de esta gran
nube blanca y esponjosa.

Todos los días, Droplet miraba hacia la tierra: "Me pregunto qué habrá ahí abajo", se decía.

La tierra era verde, llena de vida,
con ríos y flores de colores que
danzaban con la brisa.

A Droplet le encantaba brincar
por su esponjoso hogar, pero
últimamente algo lo molestaba.
Cada día veía cómo desaparecían
más y más de sus amigos.

"¿Adónde van?", se preguntó Droplet en voz alta. "¡Hace un instante estábamos jugando y al siguiente, se han ido!"

Una simpática gota de agua llamada Oxy pasó flotando. "No se han ido, Droplet. ¡Están en una aventura! Pronto tú también podrás ir".

Los ojos de Droplet brillaron de curiosidad. "¿Una aventura a dónde?"

Oxy sonrió. "¡A la tierra! Ayudamos a las plantas, llenamos arroyos y, a veces, incluso nos convertimos en nieve. Ya verás. Espera a que la nube se agite".

Droplet miró a su alrededor. La nube aún se sentía ligera y esponjosa, pero no pudo evitar preguntarse cuándo llegaría su turno.

Pasaron los días y Droplet notó cambios. Entonces la nube empezó a oscurecerse y espesarse.

"Oxy, ¿qué pasa?" preguntó Droplet, mirando por el borde.

"La nube se está llenando con más gotas de agua. Nos estamos volviendo más pesados", explicó Oxy. "Pronto, el viento nos empujará a lugares más fríos y caeremos como lluvia".

Los ojos de Droplet se abrieron con emoción y un toque de preocupación. "¿Adónde iremos?"

"Ninguno de nosotros lo sabe realmente", dijo Oxy con una sonrisa. "¡Es parte de la diversión! Podríamos caer sobre hojas o terminaríamos en ríos, y todo podría acabar en el océano. Pero siempre volvemos a casa. Se llama el ciclo del agua".

Droplet tenía curiosidad.
"Escuché historias de lluvia. ¿Cómo es eso?"

La nube gruñó suavemente antes de que Oxy pudiera responder. "¡Ya empieza!", sonrió Oxy. "¡Aguanta, Droplet!"

Deslizándose desde el borde de la nube. "¡Weeeee!", gritó Droplet mientras rodaba por el cielo, dando vueltas y revoloteando entre otras gotas de agua.

La nube se abrió con un silbido y miles de gotas de agua continuaron cayendo por el cielo.

Droplet se rió mientras el viento lo hacía girar y vio gotas de todos los tamaños cayendo con él.

"¡Mira allá abajo!" exclamó Oxy mientras caía junto a el. "¡Vamos directo a ese jardín!"

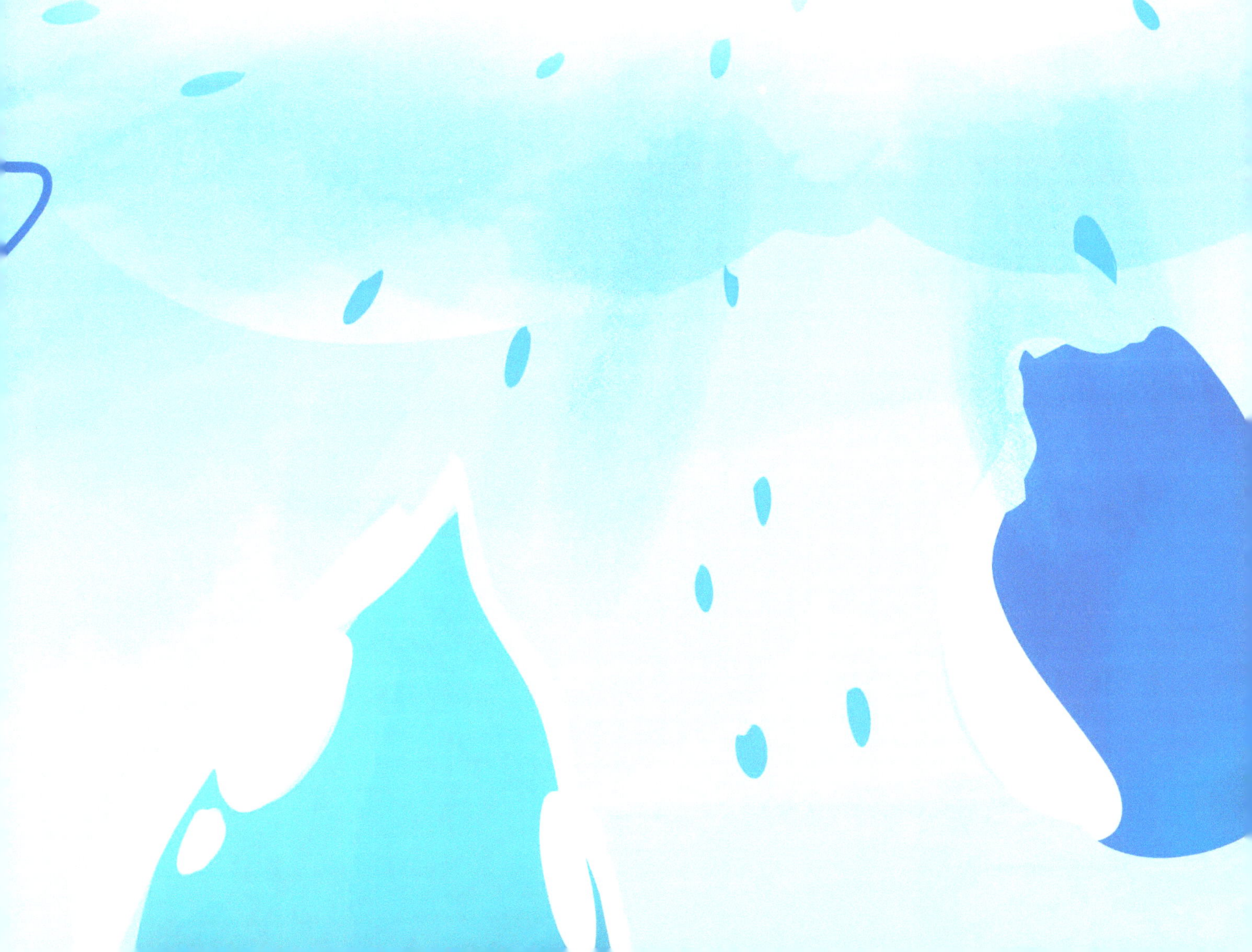

Una gota cayó con un suave plop sobre un brillante pétalo de girasol. "¡Guau!", exclamó. "¡Qué verde es todo!"

Droplet se sentó tranquilamente sobre el pétalo, observando cómo el jardín despertaba a su alrededor. Una abeja zumbaba; incluso el sol se asomaba entre las nubes. Droplet sintió que se deslizaba lentamente por el pétalo.

"¡Ay! ¡Ay, no!" gritó Droplet al caer del pétalo y golpear con estrépito sobre una gran hoja verde que había debajo.

"¡Hola!" gritó una voz alegre. Droplet levantó la vista y vio una hoja sedienta que le sonreía.

"¿Quién eres?" preguntó Droplet.

Soy Bright, qué amable de tu parte venir a visitarme. A mis raíces les vendría bien un trago. Lo que me recuerda que algunos de tus amigos ya están ayudando.

Droplet pensó un momento y luego sonrió radiante.

"¡Claro!"

Con un pequeño goteo, Droplet se deslizó por la hoja y se empapó en el suelo para llegar a las raíces de Bright.

"¡Ah, gracias!" Bright suspiró felizmente "¡Sus gotas de agua son las mejores!"

Droplet sonrió con orgullo. "¡Me alegra haber podido ayudar!"

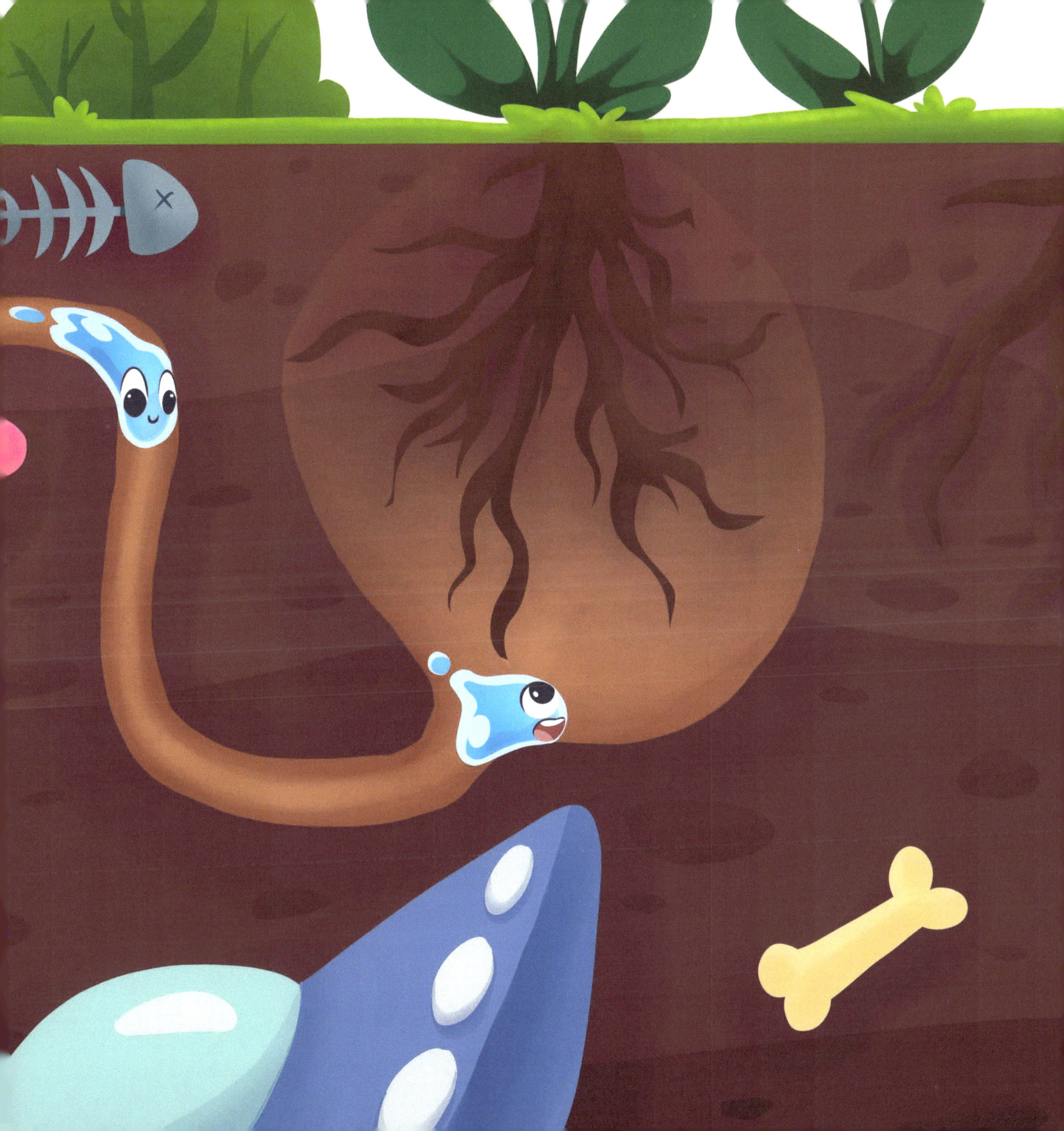

Entonces Droplet se encontró
en un pequeño charco cercano.

"¡Hola!" dijo el charco. ¡Bienvenidos
al encuentro de charcos!"

"¿Como un pueblo charco? ¿Para qué?", preguntó Droplet.

Nos reunimos aquí como gotas de agua hasta que sale el sol. ¡Luego volveremos a ascender al cielo! Se llama evaporación.

Droplet ladeó la cabeza. "¿Evaporación? ¿Qué significa eso?"

"El sol nos calienta y nos evaporamos. Luego ascendemos y nos unimos de nuevo con las nubes. ¡Es como magia!", explicó el charco.

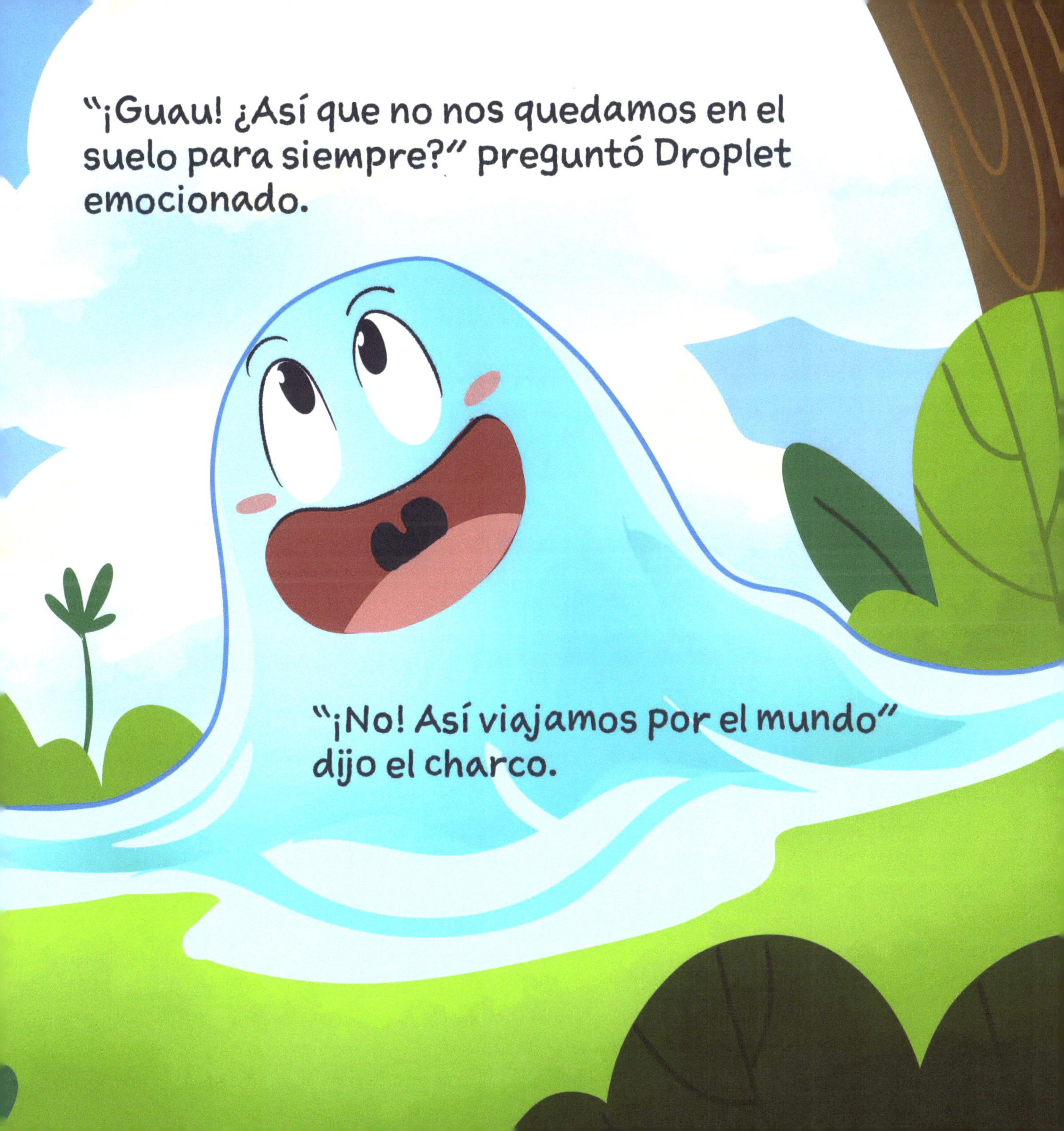

"¡Guau! ¿Así que no nos quedamos en el suelo para siempre?" preguntó Droplet emocionado.

"¡No! Así viajamos por el mundo" dijo el charco.

En ese momento, un pequeño arroyo exclamó. "La mayoría de las gotas no se quedan en un solo lugar", dijo el arroyo. "Llevo gotas a ríos y océanos. A veces se quedan allí durante largos períodos de tiempo".

"Hmmmn..." Droplet comenzó a pensar en qué hacer.

De repente, el pequeño arroyo lo llamó: "¡Súbete! Las gotas me recorren hacia nuevos lugares. Es otra parte de la aventura".

Droplet pensó un momento antes de decidir quedarse en el charco. "Intentaré flotar primero".

Droplet miró a su alrededor. El jardín estaba lleno de vida: las abejas zumbaban de flor en flor, y una pequeña mariquita trepaba por una brizna de hierba cercana.

"¡Este lugar está lleno de sorpresas!" dijo Droplet, observando a las abejas haciendo malabarismos.

El charco se rió. "Así es la naturaleza. ¿Y sabes qué? Nosotros contribuimos a que todo suceda. Sin nosotros, las flores no crecerían ni los arroyos fluirían".

Droplet se hinchó de orgullo. "¡No sabía que fuéramos tan importantes!"

De repente, nubes oscuras volvieron a cubrir los alrededores. "Parece que va a llover más", dijo Charco. "Pronto nos acompañarán nuevos amigos".

Droplet sonrió. "¡Genial! ¡Les contaré nuestra aventura!"

A la mañana siguiente, el sol brillaba con fuerza sobre el jardín. Droplet sintió un cálido cosquilleo.

"¿Qué está pasando?" preguntó Droplet mientras sentía que se elevaba en el aire.

"¡Es evaporación!" gritó el charco. "¡Nos vemos en el cielo!"

Droplet rió, flotando cada vez más alto para unirse a las demás. "¡Parece que estoy volando!"

Droplet flotaba cada vez más alto hasta unirse a la gran cantidad de gotas de agua que flotaban en el cielo. Vio más gotas moviéndose juntas, formando lentamente una nueva nube, y con eso, comprendió: "¡Estamos formando nubes!".

El Charco, que se ha transformado en una gran gota de agua, sonrió a la pequeña gota que ahora estaba a su lado. "Ese es el ciclo del agua, Droplet. Avanzamos, pasamos por diferentes cambios, pero con esos cambios, cosas florecen y crecen. Pero luego hay más aún, ¡seguimos adelante para siempre!"

"¡Bienvenido de nuevo!" Oxy saludó desde lo alto de la nube esponjosa.

"¡Fue fantástico!" dijo Droplet. "Ahora sé cómo se forman las nubes."

Oxy asintió. "¡Exactamente! Cuando nos reunamos suficientes, nos volveremos pesadas de nuevo y el viaje comenzará otra vez".

Droplet miró hacia abajo y vio más lluvia cayendo a la tierra. “Esto nunca termina, ¿verdad?”

Oxy sonrió. "No. Ayudamos al mundo a seguir vivo, Droplet. Somos parte del ciclo del agua".

Droplet se acomodó en la nube, inflando el pecho con orgullo. "¡Estoy deseando que llegue nuestra próxima aventura!"

Observó, en lo alto, cómo se formaban pequeñas gotas en las hojas y los pétalos, esperando su turno. El ciclo continuaba, y Droplet se sentía afortunado de formar parte de algo tan grande, tan importante y tan lleno de vida.

CONDENSACIÓN
PRECIPITACIÓN

EVAPORACIÓN
RECOLLECIÓN.

www.ingramcontent.com/pod-product-compliance
Lightning Source LLC
LaVergne TN
LVHW071244210926
848486LV00008B/340
* 9 7 9 8 9 9 8 6 4 9 9 2 9 *